CHASSE À TIR

par CRAFTY

LA CHASSE A TIR

NOTES ET CROQUIS

PAR

CRAFTY

E. PLON, NOURRIT ET Cie, IMPRIMEURS-ÉDITEURS, RUE GARANCIÈRE, 10, PARIS

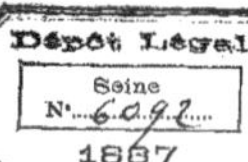

LA CHASSE A TIR

Bon chien chasse de race! dit avec raison le proverbe. On voit en effet de jeunes chiens, se tenant à grand'peine sur les jambes, qui marquent fermement l'arrêt, si le hasard les met en présence d'une pièce de gibier.

Chez les humains, le goût de la chasse n'est pas toujours aussi spontané.

La plupart du temps, c'est le spectacle des succès remportés par autrui et la vue de la joie ressentie par le triomphateur qui déterminent la vocation du jeune chasseur.

Les conversations passionnées des parents contribuent pour beaucoup à éveiller chez leurs enfants le goût de la chasse.

Le chasseur qui se contente d'accomplir ses exploits et renonce au plaisir de renouveler ses émotions en les racontant, est bien difficile à trouver. Au retour dans la famille, il parle, et les jeunes oreilles s'ouvrent toutes grandes au récit de ses aventures souvent plus palpitantes que véridiques. — Les yeux suivent l'exemple des oreilles et restent écarquillés, malgré l'heure avancée.

Quand l'enfant s'endort, il revoit en rêve les lièvres et les perdreaux dont son père, son oncle ou son grand frère lui a raconté les ruses. A son réveil, il n'a plus qu'un désir : être assez grand pour suivre ses aînés dans leurs expéditions.

Parvenu à cet âge impatiemment attendu, il passe du rôle d'auditeur à celui d'accompagnateur. — Il suit son père à la chasse, tient le chien en laisse ou porte le carnier.

Dans l'un ou l'autre cas, il se croit un collaborateur indispensable, et son amour-propre s'en réjouit. Mais quand bien même, à l'imitation du quatrième officier de M. Malborough, il ne porterait absolument rien, il ne s'en passionnerait pas moins à la poursuite du gibier; car il est chargé de veiller à la remise du perdreau, de voir dans quelle pièce le lièvre est rentré, pendant que le principal acteur ramasse la pièce tombée, ou se borne, selon le cas, à recharger son fusil.

L'enfant brûle du désir de passer du rôle de spectateur à celui d'acteur.

Son stage dure peu.

Les parents modernes s'empressant généralement de réaliser aussitôt qu'ils le peuvent les vœux de leurs héritiers, ils saisissent la première occasion, la réussite d'un examen par exemple, pour offrir au débutant le fusil convoité, une arme légère, d'un poids proportionné à ses forces et d'un maniement facile.

A partir de ce jour, c'est un feu roulant dans le parc sur tout ce qui a plumes ou pattes.

Les pies, les geais, les merles, les grives, voire même les tout petits oiseaux, servent de but à une fusillade ininterrompue, qui ne tarde pas à rendre le bocage, comme disait Millevoye, « absolument silencieux ».

A ce jeu, le débutant devient en peu de temps un tireur infaillible..... au posé.

C'est précisément ce qu'il aurait fallu éviter. Ayant pris l'habitude de viser longuement des animaux immobiles, il ratera infailliblement tout le gibier en mouvement, et il lui faudra un fort long temps avant de perdre les déplorables habitudes résultant de l'abus d'un exercice préparatoire absolument contraire au but désiré.

Autrefois, le seul moyen de s'exercer au tir de chasse était de tirer au vol. Les progrès incessants de l'industrie ont modifié cet état de choses. Maintenant, tous les armuriers vendent des raquettes à ressorts qui lancent dans les directions les plus imprévues des boules de verre qu'il s'agit de réduire en poudre pendant le très-court et très-rapide trajet qu'elles décrivent en l'air.

Ces engins, dont le seul tort est d'avoir été baptisés par leurs inventeurs de noms barbares empruntés aux dialectes les plus discordants, sont très-ingénieusement combinés, et répondent admirablement au but proposé. Ils ont, en outre, l'inestimable avantage de procurer aux familles, toujours à court de distractions pendant la saison de villégiature, un spectacle suffisamment divertissant.

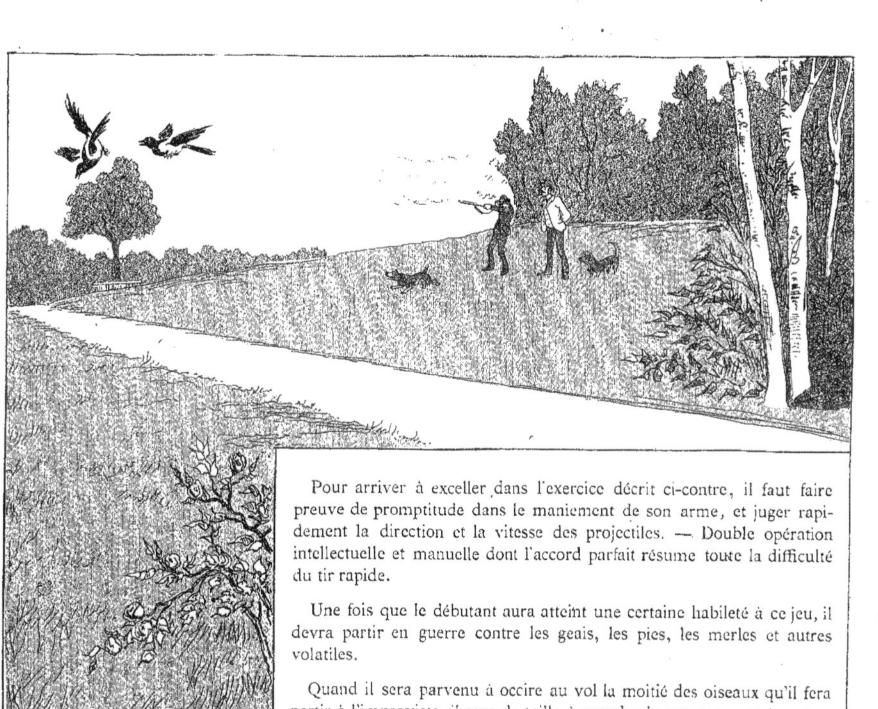

Pour arriver à exceller dans l'exercice décrit ci-contre, il faut faire preuve de promptitude dans le maniement de son arme, et juger rapidement la direction et la vitesse des projectiles. — Double opération intellectuelle et manuelle dont l'accord parfait résume toute la difficulté du tir rapide.

Une fois que le débutant aura atteint une certaine habileté à ce jeu, il devra partir en guerre contre les geais, les pies, les merles et autres volatiles.

Quand il sera parvenu à occire au vol la moitié des oiseaux qu'il fera partir à l'improviste, il sera de taille à prendre la campagne et à rentrer dans les débours de son port d'arme.

Si matinale que soit l'heure à laquelle il faut partir, il est rare qu'on ait besoin de réveiller un débutant le jour de sa première ouverture.

Le plaisir qu'il espère l'a tenu éveillé la plus grande partie de la nuit. La fièvre de l'attente l'a mis sur pied au premier rayon du soleil, et le domestique chargé de le réveiller à l'heure utile l'a trouvé debout et harnaché de pied en cap.

Une fois en route, chaque détonation qui retentit dans la campagne lui donne une palpitation. Il a peur que tout le gibier du cantón ne soit occis avant qu'il ait pu tirer son premier coup de fusil officiel. — Seul, le respect humain l'empêche de se lancer à la poursuite des perdreaux qui se lèvent à l'horizon, et de se précipiter à bas de la voiture qui l'emporte. — Quelque train que marche celle-ci, elle lui paraît, quand même, avoir des allures de tortue.

L'arrivée au rendez-vous d'un très-jeune chasseur cause toujours aux vétérans une certaine appréhension.

Ils savent, par expérience, quel surcroît de prudence exige le maniement de toute arme à feu, et leur instinct leur fait craindre que l'ardeur exagérée du néophyte ne lui fasse négliger les précautions les plus élémentaires. — Ils redoutent la précipitation probable de son tir, qui peut devenir aussi préjudiciable à la sécurité de leurs chiens qu'à l'intégralité de leurs propres mollets.

Le débutant n'aura donc pas à se formaliser s'il remarque que son arrivée jette un certain froid dans l'assistance.

Le débutant, désireux de conquérir la confiance des vieux chasseurs, devra donc concentrer toute son attention sur la correction de ses attitudes. C'est le seul moyen qu'il ait de vaincre les préventions légitimes dont il sera infailliblement l'objet. — Il veillera constamment sur la direction de son fusil, qui ne doit, en aucun cas, menacer personne. — Il aura soin de le maintenir dans la ligne haute, s'il le porte sur l'épaule, et d'en tenir l'orifice éloigné des jambes de ses co-invités, s'il le tient sous le bras; — s'il est tout à fait sage, il ne mettra ses cartouches au canon qu'une fois arrivé sur le terrain de chasse.

Si le jeune chasseur arrive sur le terrain de chasse accompagné de son chien, il devra l'empêcher de courir dans toutes les directions, de galoper sans relâche, de façon à faire partir tout le gibier abrité dans les couverts. S'il est sage, le débutant fera bien de se priver du concours d'un aussi déplorable auxiliaire, et de le laisser à la maison, jusqu'à ce que l'âge lui ait apporté un peu de sang-froid.

Si le jeune chasseur est exceptionnellement doué, et se montre, dès ses débuts, un tireur remarquable, il fera bien de ne tirer que le gibier levé par son chien. En empiétant sur le territoire du voisin, il ferait naître des rancunes aussi violentes que dissimulées, dont le premier résultat réduirait, dans une proportion sensible, les invitations sur lesquelles ses relations lui permettent de compter.

Manquer un lièvre n'est rien; tuer le chien qui le suit constitue un accident plus grave. Il est malheureusement plus fréquent qu'on ne le pense. La vitesse de la poursuite trompe souvent des chasseurs déjà expérimentés. Ils visent à la place où ils voient le lièvre, et c'est le chien qui s'y trouve, au moment où le plomb arrive au point visé. — Tirer en avant! toujours en avant!!!

Si la mauvaise chance d'un débutant veut qu'il assassine un chien, il faut souhaiter que le chien immolé lui appartienne. Le plus mauvais chien, celui dont le propriétaire reconnaissait de son vivant qu'il ne valait pas un coup de fusil, devient immédiatement, après une fin aussi tragique, un animal incomparable, impossible à remplacer.

S'il est pénible de tuer un chien, il est bien plus pénible de le blesser grièvement. Au chagrin qu'on éprouve s'ajoute la fatigue du transport du blessé. On donnerait un gros prix d'un véhicule; d'ordinaire, on n'en voit pas; mais s'il s'en montre un à l'horizon, son conducteur reste, hélas! insensible à la télégraphie la plus vive, et sourd aux appels les plus aigus.

Souvent le lièvre, à son départ, a la fâcheuse idée de rebrousser chemin.

Cette manœuvre a le grave inconvénient de donner aux chasseurs impatients l'irrésistible tentation de le tirer par le travers.

Il arrive alors parfois que gibier, tireur et compagnons de chasse se trouvent occuper trois points de la même ligne droite, et, comme une cartouche contient un assez grand nombre de grains de plomb, il se peut faire qu'il y en ait pour tout le monde!... le tireur excepté.

La *caille* est de tous les oiseaux de chasse celui dont le vol est le moins troublant pour le débutant.

Elle se fait battre longtemps, et ne se décide à partir que lorsqu'elle se trouve en danger d'être prise par le chien. Avec elle, le jeune chasseur n'a pas à redouter la surprise qui paralyse souvent tous ses moyens.

Il est prévenu par la quête de plus en plus active du chien, et il doit avoir fait tous ses préparatifs pour être prêt à tirer quand l'oiseau s'envole.

Le jeune chasseur ne doit pas manquer un gibier qui vole lentement, suit une ligne droite, et prend en outre la précaution de prévenir de son départ en poussant un léger cri.

La pièce tombée, il ne faudra pas croire pour cela qu'elle soit dans la gibecière. Si le chien est un peu ardent, s'il a la dent un peu prompte, la caille peut être engloutie dans une aspiration trop violente.

La bête est petite, et il n'est pas rare de la voir disparaître dans la gueule du chien, qui l'absorbe, et paraît tout étonné de sa disparition.

Dans tous les cas où un jeune chien commet une bévue un peu forte, poursuite acharnée d'un lièvre, refus prolongé d'obéissance, etc., etc., que le chasseur ait grand soin de ne jamais exagérer la correction méritée.

Un chien brutalisé ne s'améliore pas, il s'affole, et garde presque toujours de sa mésaventure une rancune souvent invincible à l'égard de son maître.

Celui-ci n'a plus dès lors aucune autorité sur son collaborateur. Chaque fois que l'homme fait un geste, le chien croit à une menace, se tient prudemment à l'écart, ou se sauve. Le chasseur a beau recourir aux intonations les plus câlines, le chien se méfie, il refuse de quêter, se tient obstinément derrière son maître, et le surveille d'un œil inquiet. Il n'a plus qu'une préoccupation, qui est de rester hors de sa portée.

Le perdreau est toujours difficile à tirer, même quand il part à l'arrêt du chien. Quand il arrive de toute la vitesse de son vol, et passe à l'improviste au-dessus de la tête du tireur, c'est bien autre chose. Le tireur qui, en battue, crie habituellement : « Apporte ! » et auquel son chien obéit, mérite une sérieuse considération.

Le tir en battue demande une grande célérité et en même temps un grand sang-froid. Il faut savoir apprécier la vitesse du vol, et ce n'est pas toujours facile. Parfois le hasard fournit au chasseur un renseignement inattendu. Il a visé le premier perdreau d'une compagnie, et c'est le troisième qu'il a tué.

S'il est sage, ce document fortuit servira de base à toutes ses combinaisons ultérieures.

Dans l'organisation d'une battue, l'amphitryon doit attacher une grande importance au choix des rabatteurs. Il est nécessaire qu'ils ne soient ni trop jeunes ni trop vieux. Les gamins bavardent, crient, font des gestes qui éveillent à distance l'attention du gibier; celui-ci se met à manœuvrer, et glisse entre la ligne des tireurs et celle des rabatteurs. Quant aux vieillards, ils manquent généralement de fond. Le mieux est de recourir au personnel de la ferme.

Le métier d'un maître de maison qui veut, un jour de battue, faire en conscience les honneurs de sa chasse est un des plus rudes qu'on puisse imaginer. Il doit poster les tireurs selon leur importance et leur mérite, surveiller les rabatteurs et diriger les gardes. S'il a, en outre, la prétention de tirer, sa journée lui donnera un total de kilomètres absolument imposant. L'emploi du poney de tir est tout indiqué; il facilite la locomotion, et si l'occasion de tirer se présente, on en descend.

Pendant la saison d'ouverture, la température est souvent accablante.

Il est sage de faire préparer sur un point abrité quelques rafraîchissements.

C'est une des nombreuses obligations auxquelles un vrai bon maître de maison ne doit pas chercher à se soustraire.

Le tableau final se ressent toujours des attentions prodiguées aux invités.

Un tireur désaltéré au moment opportun a le coup d'œil plus juste et le jarret plus ferme.

Une attention des plus délicates consiste à faire suivre les tireurs par un véhicule spacieux et confortable — Ils s'y installent toujours avec volupté.

Au moment du retour, une voiture, quelle qu'elle soit, est toujours appréciée par des gens qui ont tiré à travers champs des souliers d'un poids considérable.

La chasse en plaine n'a qu'un temps, et très-limité. Il faut bientôt recourir au gibier de passage. La *bécassine* offre une ressource inappréciable aux favorisés qui possèdent un coin d'étang.

Pour réussir à cette chasse, il faut une grande promptitude et un souverain mépris de l'humidité, mère des rhumatismes.

Le tir des *alouettes* au miroir est un merveilleux exercice pour les débutants.

Un bon père de famille sait se priver du plaisir de tirer lui-même pour surveiller les exploits de ses enfants.

Il doit se contenter de tirer la ficelle de l'instrument primitif, bien supérieur dans ses résultats au miroir mécanique récemment inventé.

Le *râle*, très-amusant à chasser parce qu'il se défend admirablement contre le chien en piétant avec acharnement, n'est un coup de fusil intéressant qu'au point de vue culinaire.

Malheureusement, on ne le rencontre pas assez fréquemment pour que son tir puisse servir d'exercice aux débutants, mais un bon père de famille doit réserver à son fils tous ceux que son chien fera partir.

Si l'élève les manque, le professeur fera bien d'intervenir, afin de ne pas laisser échapper un oiseau de passage très-apprécié des gourmets, qui ne l'appellent pas pour rien le *roi des cailles*.

Les *grives* arrivent lorsque le vrai gibier commence à devenir à peu près inabordable.

Elles affectionnent les vignes, où elles trouvent, même après la vendange, assez de grappillons oubliés pour se nourrir.

La pratique de cette chasse est excellente pour les commençants, à qui elle fournit l'occasion de tirer beaucoup.

Elle donne l'habitude de mettre promptement en joue et de suivre la pièce, avant de lâcher la détente.

Le chasseur qui tue bien la grive au vol doit rarement manquer un perdreau.

Le volume du *faisan* et la lenteur avec laquelle il prend son vol rendraient sa mort certaine, si le bruit terrifiant qu'il fait en s'enlevant ne produisait sur les nerfs des débutants une profonde impression.

Bon nombre de ces admirables gallinacés doivent à ce tumultueux départ la prolongation de leur existence.

Quand l'émotion qu'il a causée s'est dissipée, ils sont trop loin, masqués par des arbres, et leur vol a pris une rapidité qui demanderait la précision d'un tireur expérimenté.

Lorsque la saison s'avance, le malheureux *lapin* constitue la grande ressource du chasseur à court de gibier.

De même qu'on le mange à toutes les sauces, on le chasse de toutes les façons, et l'on y trouve toujours un nouvel agrément.

Quand on le chasse devant soi, le plaisir de voir le travail incessant du chien s'ajoute à l'intérêt d'un tir rendu toujours difficile par la rapidité avec laquelle maître Jeannot passe d'un refuge à un autre.

Le tir du lapin chassé par des bassets à jambes torses est beaucoup plus facile. Il va tout doucement, s'arrêtant fréquemment pour écouter la voix des chiens qui se rapprochent lentement. Si le chasseur reste aussi immobile que silencieux, il a de grandes chances de pouvoir le viser à loisir, et de l'assassiner avec certitude! Mais qu'il évite de faire le moindre bruit ou de se laisser voir! A la moindre alerte, le lapin bondira subitement et multipliera des crochets qui rendront sa mort beaucoup plus problématique.

La plus grande qualité d'un tireur en battue est une prudence excessive. Comme il est plus important d'éviter de toucher un rabatteur que d'occire un lapin de plus, il est sage, aussitôt que les blouses apparaissent sous bois, de ne plus tirer que les animaux qui franchissent la ligne, et plus sage encore de mettre son fusil au cran de repos.

On évite ainsi toute tentation, et l'on n'a pas à payer des sommes énormes pour réparation de tibias qui s'estiment généralement à un prix exorbitant.

Quand le lapin pullule de façon à devenir inquiétant pour la santé des bois qu'il habite, et que les demandes d'indemnité des riverains prennent des proportions tout à fait ruineuses, les propriétaires se résignent à chasser au furet. C'est le triomphe des tireurs qui n'aiment pas les marches prolongées. On va de terriers en terriers, et l'on fait à chaque station une importante hécatombe. La chose à redouter, c'est que le furet reste au terrier et les chasseurs à l'attendre.

Dans toutes les chasses dites princières, on réserve pour le bouquet une enceinte privilégiée dans laquelle on a concentré toutes les ressources d'un intelligent élevage. Dans cet Eldorado cynégétique, les faisans sont aussi nombreux que les grains de sable au désert ou les poissons dans la rivière du Marseillais. — C'est tout faisans!!! Le malheur est que les poules s'y mêlent aux coqs, et le difficile est de faire un choix dans cette agglomération de volatiles des deux sexes.

Le débutant ne se croit devenu un véritable chasseur que quand il a tué son premier chevreuil.

En battue, c'est affaire de chance! Le vrai mérite consiste à le tuer au chien courant. Il faut alors savoir se poster et deviner à quel endroit les chiens vous le feront passer dans de bonnes conditions.

Le meurtre accompli, reste à transporter la victime à domicile.

Quand on est muni d'une puissante corne à bouquin, on a la chance d'obtenir l'assistance d'un forestier quelconque.

Dans le cas contraire, il n'y a qu'à prendre courageusement son parti, et le cadavre sur ses épaules.

Le sanglier, en sa qualité d'animal nuisible, partage avec le lapin le fâcheux privilége d'être chassé en tout temps.

La neige elle-même n'est pas pour lui un gage de sécurité.

Si le transport d'un chevreuil, qui est relativement un poids léger, constitue pour le chasseur isolé une sérieuse difficulté, celui d'un solitaire, qui atteint parfois un poids invraisemblable, est une bien autre affaire.

Il faut plusieurs hommes, et des plus vigoureux, pour le traîner péniblement d'un point à un autre.

S'il s'agit d'un trajet un peu long, le secours d'un véhicule quelconque devient absolument indispensable.

La mauvaise réputation dont jouissent les sangliers motive la réunion à certains jours de tous les tireurs d'un canton. C'est ce qu'on appelle des battues de destruction. Le débutant convié à l'une de ces fêtes fera sagement en ne perdant pas un mot des recommandations de prudence que le lieutenant de louveterie, organisateur de la battue, ne manquera pas de prodiguer à ses invités. Qu'il mette en outre un vêtement bien voyant. Il évitera peut-être de la sorte d'être visé par quelque tireur trop ardent.

Quand les grands animaux deviennent trop nombreux, l'autorité exige qu'on en détruise un certain nombre et prescrit des battues. On fusille alors biches et cerfs. Par bonheur, beaucoup de tireurs appelés à concourir à ces hécatombes n'ont jamais vu l'ombre d'un dix-cors, et l'aspect imposant de cet animal les surprend au point qu'ils le laissent souvent continuer sa route sans avoir eu la pensée de le tirer. Quant aux vrais veneurs, c'est de parti pris qu'ils les manquent.

Quand on aime à chasser dans un pays très-giboyeux, il ne faut négliger aucune occasion de détruire les animaux nuisibles que les paysans désignent sous le nom de fausses bêtes; — un vrai chasseur est plus heureux quand il a tué un renard, un putois ou même une fouine, que s'il avait fait coup double, fût-ce sur deux chevreuils.

En conséquence, jeunes chasseurs, si le hasard conduit à votre portée l'un de ces maraudeurs, tirez sans hésitation, quand bien même son signalement ne vous serait pas très-familier; — vous pouvez être sûrs que le propriétaire de la chasse vous remerciera du service rendu, et vous complimentera en proportion de son importance.

De tous les braconniers à quatre pattes, le *chat* domestique est certainement celui qui mérite d'être tout particulièrement recommandé à la sévérité des chasseurs. Guetteur infatigable, il fait preuve de la plus criminelle persévérance, et finit toujours par détruire la volée de jeunes perdreaux ou la portée de levrauts qu'il a découvertes.

Pas de fausse sentimentalité à son égard! pas de vaine pitié pour les lamentations futures des mères Michel plongées dans le deuil par sa disparition! Le chat qui vague en plaine et circule dans les garennes est toujours un malfaiteur, et son exécution sommaire constitue un devoir impérieux.

Si la plupart des chasseurs aiment à raconter leurs exploits, on peut affirmer que tous sont heureux d'en montrer les résultats; — de là l'usage, après les grandes journées, de réunir sous les yeux des invités la masse des victimes.

Le nombre des pièces figurant au *tableau* est ensuite enregistré sur le livre, avec le détail des animaux occis par chacun des tireurs. — Souvent on le laisse en permanence sur la table du salon, pour la plus grande gloire des fusils de premier ordre et la profonde humiliation des tireurs nerveux, qui, déconcertés par l'abondance même du gibier, n'ont obtenu que des résultats insignifiants.

Une journée de chasse se termine inévitablement par un dîner plus ou moins luxueux, mais toujours vigoureusement attaqué et consciencieusement arrosé. L'appétit des chasseurs jouit d'une réputation méritée : il est indispensable à la réparation des forces dépensées dans la journée, et souvent, hélas! nécessaire à la constitution de réserves qui seront immédiatement dépensées dans une sauterie improvisée. Compensation bien légitime à l'abandon dans lequel a été laissé pendant toute la journée l'élément féminin! mais cruelle contribution exigée de la galanterie du sexe fort!

LE COUP DE LA BOURRICHE

PARIS. TYPOGRAPHIE DE E. PLON, NOURRIT ET Cie, RUE GARANCIÈRE, 8.

ENCRES DE LA MAISON CH. LORILLEUX ET Cie.

BIBLIOTHEQUE NATIONALE DE FRANCE
3 7531 00199118 2

www.ingramcontent.com/pod-product-compliance
Ingram Content Group UK Ltd.
Pitfield, Milton Keynes, MK11 3LW, UK
UKHW012259240726
13966UKWH00004B/1490

9 782012 872097